建设社会主义新农村图示书系

图解桃树整形修剪

郭继英　赵剑波　姜　全　任　飞　王　真　编著

U0273046

中国农业出版社

目 录

一、桃树整形修剪的意义 ……………………………………… 1

二、基本概念 …………………………………………………… 3

（一）桃树的芽和枝 ……………………………………… 3

1. 芽 …………………………………………………… 3

2. 枝 …………………………………………………… 3

（二）桃树的树体结构基本概念 ………………………… 6

三、整形修剪的基本要求 …………………………………… 9

（一）整形修剪时期 ……………………………………… 9

1. 冬季修剪 …………………………………………… 9

2. 夏季修剪 …………………………………………… 9

（二）整形修剪方法 ……………………………………… 9

四、桃树常用树形 …………………………………………… 13

（一）自然开心形 ………………………………………… 13

（二）二主枝自然开心形（Y形） ……………………… 14

（三）主干形 ……………………………………………… 15

1. 纺锤形或细长纺锤形 ……………………………… 15

2. 圆柱形 ……………………………………………… 15

五、桃树整形技术 …………………………………………… 17

（一）自然开心形的整形技术 …………………………… 17

1. 定干 ………………………………………………… 17

2. 培养主枝 …………………………………………… 18

3. 第一年冬剪 ······················ 19

4. 第二年夏剪 ······················ 20

5. 第二年冬剪 ······················ 20

6. 第三年夏剪 ······················ 22

7. 第三年冬剪 ······················ 22

8. 第四年修剪 ······················ 24

（二）二主枝自然开心形的整形技术 ······ 24

1. 定干 ··························· 24

2. 培养主枝 ······················ 25

3. 第一年冬剪 ······················ 26

4. 第二年夏剪 ······················ 27

5. 第二年冬剪 ······················ 27

6. 第三年夏剪 ······················ 28

7. 第三年冬剪 ······················ 28

8. 第四年冬剪 ······················ 29

（三）主干形的整形技术 ·············· 30

1. 第一年修剪 ······················ 30

2. 第二年修剪 ······················ 32

3. 第三、四年修剪 ·················· 33

六、桃树修剪技术 ···················· 35

（一）冬季修剪 ···················· 35

1. 主枝和侧枝的修剪 ················ 35

2. 结果枝的修剪 ···················· 37

3. 结果枝组的培养 ·················· 39

4. 结果枝组的修剪 ·················· 40

5. 结果枝组的更新 ·················· 42

6. 预备枝的培养 ···················· 44

7. 徒长枝的修剪 ···················· 45

8. 下垂枝的修剪 ···················· 45

9. 短果枝结果为主品种的长枝修剪 ······ 46

10. 骨干枝更新修剪 ·················· 47

（二）夏季修剪 ……………………………………………… 48

　1. 抹芽、除萌 ……………………………………………… 48

　2. 摘心 ……………………………………………………… 48

　3. 短截新梢 ………………………………………………… 49

　4. 拉枝 ……………………………………………………… 50

　5. 夏剪技术的综合应用 …………………………………… 51

（三）不同年龄时期整形修剪 ………………………………… 56

　1. 幼树期 …………………………………………………… 56

　2. 盛果期 …………………………………………………… 57

　3. 衰老期 …………………………………………………… 58

主要参考文献 ……………………………………………… 60

一、桃树整形修剪的意义

桃树整形修剪的意义简单地说就是通过对植株枝条等进行剪截等操作，使植株按人们需要的方式生长，从而获得更高的产量、优良的果实品质及更高的效益。

1. 调节桃树生长与结果的矛盾　生长与结果是桃树生长发育的基本矛盾，生长是基础，结果是在健壮生长前提下的必然趋势。生长过弱或过旺都不利于结果。结果既可以促进营养器官生理功能的加强，同时也削弱生长。协调好生长与结果的矛盾，才能达到桃树稳产、高产的目的。生长与结果的矛盾是桃树修剪调节的主要矛盾，通过修剪可以使生长和结果达到平衡，为高产稳产、优质创造条件。

2. 改善树体通风透光条件　通过修剪可以将桃树培养成合理树形和树冠结构，使群体和个体树冠通风透光良好，增加叶片有效光合面积，延长光合时间，提高光能利用率，可以实现树体上下、内外立体结果，最大限度地转化为经济产量，提高果实品质。

3. 促进桃树微生态环境得到全面改善　整形修剪可以调节树冠内叶际、果际间光照、温度、湿度等微生态环境。良好的群体和树冠结构可以增加通风，调节温度和湿度。微生态环境得到全面改善有利于提高叶片光合效能和果实品质等。

4. 提高工效，降低成本　整形修剪可以实现对树体的有效控制，枝条配备合理，有利生产管理和机械化作业，提高生产效率，降低人工成本。

5. 适应不良气候，增强抗逆能力，扩大栽培范围　寒冷地区匍匐整形，有利冬季埋土防寒，使桃树能够安全越冬，扩大桃树栽培北限。通过修剪可以使枝条更加充实，提高越冬能力。北方桃保护地栽培，也是通过整形修剪对树体高度的有效控制，来实现在有限空间内的桃树生产的。

6. 促使幼树提早结果，延长结果年限，使栽培效益提高 通过合理的整形修剪，在经济利用土地、光、热资源和空间的前提下，在维持树体健壮生长的基础上达到早结果、早丰产，防止树体早衰，延长丰产年限，实现长期优质、丰产、稳产，提高总产量，从而满足产品市场需求，提高栽培效益。

二、基本概念

（一）桃树的芽和枝

1. 芽

（1）芽　按性质分为叶芽和花芽。枝条的顶芽均为叶芽，花芽在叶腋内（图1）。

（2）单芽　一节着生1个叶芽或1个花芽。

（3）复芽　一节着生2个以上芽。

复芽中花芽与叶芽并生，有多种组合形式，常见为两侧是花芽，中间是1个叶芽的三芽和1个花芽与1个叶芽的双芽（图2）。

（4）隐芽　在春季和秋季形成的一年生枝条的部位，其芽没有萌发，形成潜伏芽，在受到强刺激下可以萌发出枝条。

（5）盲芽　枝条叶腋无叶原基，有节无芽（图3）。

2. 枝　按功能分为生长枝和结果枝。

（1）生长枝

①发育枝。生长强壮，粗度1.5～2.0厘米，枝条上只着生叶芽或梢部有几个瘦小的花芽。幼树期扩大树冠和培养枝组，利用其构成树体的骨架。

②徒长枝。生长过旺，长1～2米，枝粗，节长，叶芽多，多数有二次、三次枝副梢。幼树期扰乱树形，成年后可控制培养成结果枝组。

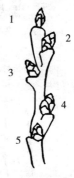

图1　桃树的顶芽和腋芽
1. 顶芽　2～5. 腋芽

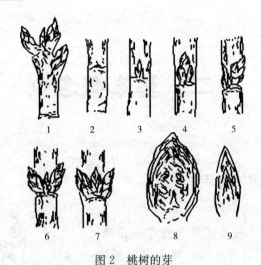

图2　桃树的芽
1. 短枝上的单芽　2. 隐芽　3. 单叶芽　4. 单花芽
5～7. 复芽　8. 花芽剖面　9. 叶芽剖面

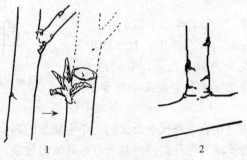

图3　桃树的隐芽和盲芽
1. 隐芽受刺激萌发　2. 盲芽

③叶丛枝。极短,长约1厘米,只有顶生的一个叶芽(图4)。

(2) 结果枝

①徒长性结果枝。生长较旺,长度60厘米以上,粗度为1.0～1.5厘米,其上发生二次枝,花芽形状瘦小。这类枝条一般不作结果用,而是用于培养结果枝组。

②长果枝。生长适度,长度为30～60厘米,粗度为0.5～0.9厘

米。枝上多为三芽的复花芽。花芽饱满,主要结果枝条,能萌发新的结果枝,也可用来培养小型结果枝组。

③中果枝。生长中庸,长度为15～30厘米,粗度为0.4～0.5厘米,不抽生二次枝,枝上单芽、复芽混生,主要用于结果,也可选基部有叶芽的留作预备枝。

④短果枝。长度为5～15厘米,粗度为0.2～0.3厘米,枝上有的多为3个花芽的复芽,有的只有单花芽。有的顶部为叶芽,有的没有叶芽,成年树可作结果用,有叶芽的可留作预备枝,无叶芽的可在冬剪时疏除。

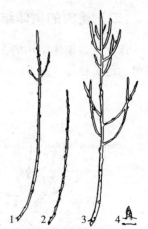

图4　桃树的生长枝
1～2.发育枝　3.徒长枝　4.叶丛枝

⑤花束状果枝。长度小于5厘米,除顶端叶芽外,几乎均为单花芽,节间短,排列密。在结果枝不足的树上可留作结果用,一般情况只作预备枝或疏除(图5)。

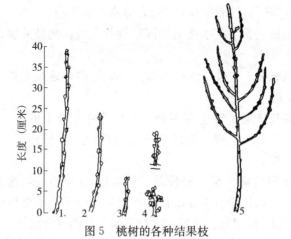

图5　桃树的各种结果枝
1.长果枝　2.中果枝　3.短果枝　4.花束状果枝　5.徒长性结果枝

（二）桃树的树体结构基本概念

骨干枝是树体结构的主要部分，包括主干、主枝、侧枝、结果枝组、延长枝等（图6）。

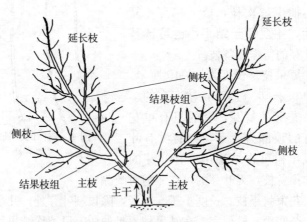

图6　桃树的树体结构

1. 主干　从地面的根茎部起到第一主枝以下的部分。

2. 主枝　直接着生在主干上的永久性骨干枝。

3. 侧枝　着生在主枝上的固定性骨干枝，侧枝从属于主枝的生长。

4. 延长枝　主枝、侧枝等骨干枝先端继续延长和扩大树冠的一年生枝条。

5. 结果枝组　着生在主枝、侧枝等骨干枝上的多年生枝群，由若干个结果枝组成，是结果的主要部位，结果枝组又分成大、中、小三类。

6. 大型结果枝组　分枝多，结果枝16个以上，高度和距离70～80厘米，长势强，寿命长，可更新。构成：小型枝组＋中型枝组＋枝群＋结果枝。位置：主枝背斜，与侧枝交错。

7. 中型结果枝组　分枝较多，结果枝6～15个，高度和距离

40～70厘米，枝龄4～7年。构成：小型枝组＋枝群＋结果枝。位置：主侧枝背上或两侧，直生或斜生。

8. 小型结果枝组 分枝少，结果枝2～5个，高度和距离30厘米，枝龄2～3年。构成：枝群＋结果枝。位置：大、中型结果枝组及主侧枝上，补空（图7）。

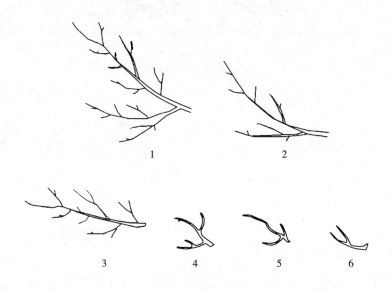

图7　结果枝组类型
1. 大型结果枝组　2～3. 中型结果枝组　4～6. 小型结果枝组

结果枝组的配置：主枝和侧枝的中下部及树冠内膛，宜多留大中型枝组；树冠上部及外围宜多留小型枝组，形成里大外小，下多上少的结构。所有枝组应向主枝两侧呈八字形分布和发展，大型枝组间距1米左右，中型枝组60厘米左右，小型枝组30厘米左右。结果枝间距20厘米（图8）。

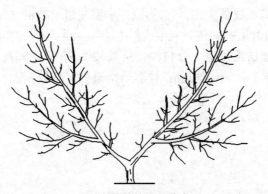

图 8　结果枝组的分布

三、整形修剪的基本要求

（一）整形修剪时期

1. 冬季修剪　落叶后至萌芽前的修剪（图9）。

2. 夏季修剪　萌芽后至落叶前的修剪（图10）。

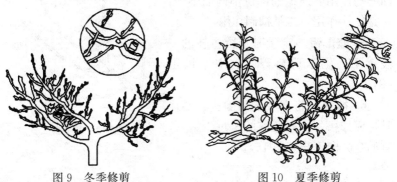

图9　冬季修剪　　　　　　　　图10　夏季修剪

（二）整形修剪方法

1. 冬季修剪　采用短截、疏枝、长放、回缩等方法。

2. 夏季修剪　采用抹芽、除萌、摘心、剪梢、疏枝、拿枝、拉枝、撑枝等方法。

3. 短截　把一年生枝条剪短（图11）。

4. 疏枝　将一年生枝条（或新梢）或多年生大枝从基部剪除（图12）。

5. 长放　对一年生枝不修剪，任其自然生长，也称缓放（图13）。

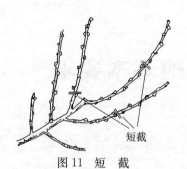

图 11 短 截

图 12 疏 枝

6. 回缩 剪掉 2 年生枝条或多年生枝条的一部分，也称缩剪（图 14）。回缩的作用因回缩的部位不同而不同：一是复壮作用，二是抑制作用。

7. 整形带 定干时选留主枝的一段树干，位于剪口以下、主干以上（图 15）。

8. 抹芽 将多余的芽除去，不让其长成枝条，这些芽有的是过于繁密，有的是方向不当（图 16）。

图 13 长 放

图 14 回 缩

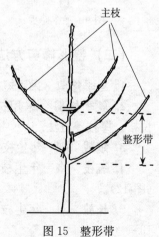

图 15 整形带

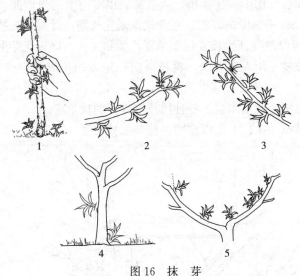

图 16 抹 芽

1. 整形带以下芽 2. 对生芽 3. 延长枝竞争芽
4. 主干及根茎上萌蘖芽 5. 树冠内膛徒长芽

9. 摘心 把正在生长的枝条顶端的一段嫩枝连同数片嫩叶一起剪除,将其顶端生长点摘除(图17)。

10. 疏枝 疏除徒长枝、直立旺枝、过密枝等(图18)。

摘心

图 17 摘 心

图 18 疏枝(夏季)

11. 拿枝　用手握住新梢，从基部到顶端向下适当弯曲，使新梢木质部伤而不折断的办法。在新梢木质化初期，针对强旺枝、徒长枝拿枝可以改变其生长方位和角度，缓和生长，促进花芽形成。

12. 拉枝　用人工方法，将枝条向一定方向拉成一定的角度。通常用绳子、铁丝等一端埋入地下，另一端拴在枝上拉开角度。

13. 撑枝　使用木棍、各种树枝等撑开两枝角度。

14. 吊枝　在枝上坠以重物，拉开大枝角度（图 19）。

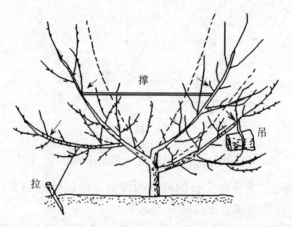

图 19　开张角度的方法

四、桃树常用树形

（一）自然开心形

树高 3 米，主干高度 50 厘米，在相近的一段主干上选留 3 个主枝，三主枝邻近或错落、分布均匀、方位角各占 120°、生长势相近、发育良好，开张角度 45°，每主枝配置 3~5 个侧枝。距离主干 60 厘米的位置处各选留第一侧枝，第一、二、三主枝的第一侧枝距离主干距离依次减少，在第一侧枝的对面培养第二侧枝，相距 50 厘米，同侧侧枝间相距约 100 厘米。各主枝上的同级侧枝要向同一旋转方向伸展。主枝或侧枝上着生结果枝组或结果枝（图 20）。

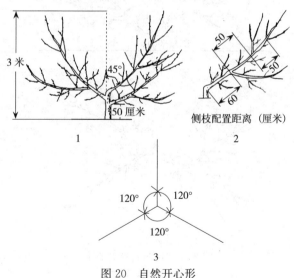

图 20 自然开心形
1. 树体模式　2. 侧枝配备距离　3. 三主枝方位角

（二）二主枝自然开心形（Y形）

树高 3 米，主干高度 50 厘米，选留 2 个方向相反（东西向）、伸向行间、生长势相近、发育良好的邻近主枝，两主枝夹角 80°。每主枝配置 3～5 个侧枝，一般在距地面约 1 米处即可培养第一侧枝，第二侧枝在第一侧枝的对面，相距 50 厘米，同向侧枝相距 100 厘米，同主枝上的下级侧枝比上级侧枝的粗度和长度依次减小，各主枝上的同级侧枝要向同一旋转方向伸展。主枝开张角度为 40°，侧枝开张角度为 50°，侧枝与主枝的夹角保持在 60°左右（图 21）。

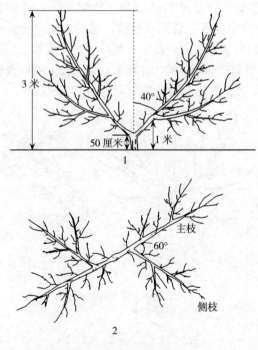

图 21 二主枝自然开心形
1. 侧视图 2. 俯视图

（三）主干形

1. 纺锤形或细长纺锤形　在中密度时，一般采用纺锤形或细长纺锤形，有中心领导干，在中心领导干上直接着生大、中、小型结果枝组，干高30～50厘米，树高1.5～2.5米（依株行距而定），冠径1.3～2.5米（依株行距而定），一般结果枝组为8～12个（依密度和树高而定）。下面结果枝组比上面结果枝组长，其枝组与中心干的角度为80°～90°；上面结果枝组短，着生角度为70°～80°。结果枝组按顺序轮生向上排列，70%～80%的果实着生在中心干和主枝的中、上部。中心干与结果枝组的枝粗比为2∶1以上，控制好结果枝的粗度、长度、角度是调整好此树形的关键（图22）。

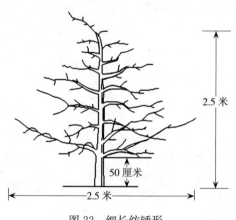

2.5米

50厘米

2.5米

图22　细长纺锤形

2. 圆柱形　是使结果枝组中型或小型化，其树形的结构与自由纺锤形相似，只是中心干上着生的结果枝组的长度、角度与其上、下枝组间差异不大，看上去似圆柱一样的形状，所以称圆柱形。在高密度（株行距1米×2米）的情况下，由于着生在中心干上的结果枝组不能过多地生长与伸长，所以采用此形较多（图23）。

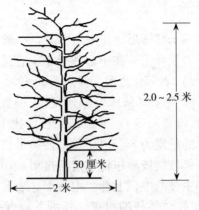

2.0~2.5 米

50 厘米

2 米

图 23　圆柱形

五、桃树整形技术

(一) 自然开心形的整形技术

1. 定干　成苗定植后，距地面 60～70 厘米处剪截定干，剪口下留 20 厘米（7～10 个健壮饱满的叶芽）作为整形带，在带内培养 3 个主枝。萌芽后，整形带以下芽全部抹除（图 24）。

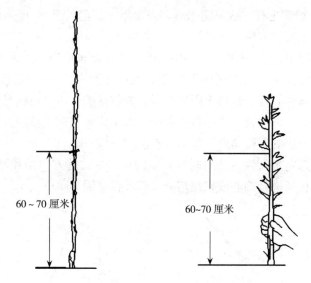

图 24　定干（成苗）

半成苗（芽苗）定植后，在接芽上方 1 厘米处剪砧。接芽萌芽后，对砧木上的其余萌蘖芽及时抹芽。当幼苗长至 70 厘米以上时，在距地面 60 厘米处摘心定干（图 25）。

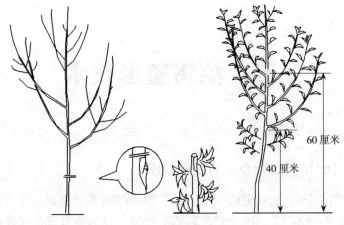

图 25 定干（半成苗）

2. 培养主枝 成苗定干后，当 1 年生新梢长至 50 厘米时，开始选留主枝。方法有两种：

剪掉中心枝：利用主干上萌发出的 1 年生新梢或当年生副梢，从中选出距离适宜、方位合适的作为主枝，在第三主枝以上把中心枝剪掉。

拉弯中心枝：选两个距离合适、方位好的 1 年生枝或当年生副梢，作为下部主枝，中心枝不剪掉，人工拉向空缺主枝的方位，使其具有一定的开张角度，作为最上部的主枝。

在选定永久性主枝的同时，要调整好主枝的方位角和开张角，其余的枝条进行摘心或别枝培养成辅养枝（图 26）。

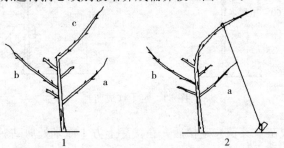

图 26 主枝培养
1. 剪掉中心枝用 a、b、c 作主枝　2. 拉弯中心枝作第三主枝

半成苗摘心定干后发出的副梢长度达 50 厘米以上时，选出 3 个生长较旺又错落生长的副梢作主枝培养，其余副梢疏除，或留 2~3 个副梢摘心或扭梢作辅养枝。

8~9 月，利用拉枝的方法开张主枝角度（图 27）。

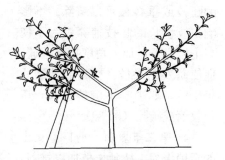

图 27　主枝拉枝开张角度

桃树自然开心形 3 个主枝的方位角各占 120°，均匀分布。各主枝的开张角度为 45°（图 28）。

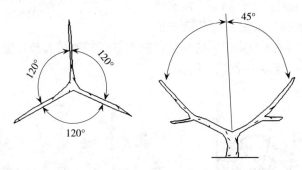

图 28　主枝的方位角（左）和开张角（右）

3. 第一年冬剪

（1）**主枝修剪**　对生长季已定下的主枝，按枝条生长势强弱和粗度、长度确定剪留长度，一般按粗长比 1∶40 剪留，剪留长度通常在 70 厘米左右，即分别剪去全长的 1/3~1/2，剪口芽要留外芽、饱满，第二、三芽留在两侧。三主枝角度要求一致，达到均衡树势，弱枝长留，强枝短留（图 29）。

（2）**辅养枝处理**　凡影响主枝生长

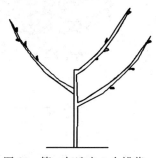

图 29　第一年选出 3 个错落主枝，剪口留外芽

的旺枝或重叠枝可以疏除。不影
响主枝生长的旺枝辅养枝为不使
与主枝竞争可加大角度拉平缓放，
促使萌发结果枝。待辅养枝结几
年果后，如影响主侧枝生长，逐
年收缩或疏除（图30）。

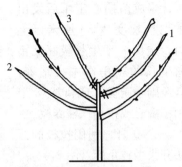

4. 第二年夏剪 剪口芽长出
的新梢作为主枝延长枝加以培养，
及时疏除主枝剪口下的竞争枝。
当主枝背上直立新梢或副梢生长
至40厘米时，进行摘心，注意疏
除过密新梢。采用及时疏除或回

图30 辅养枝的处理

1. 重叠枝疏除　2. 不影响主枝生
长的旺枝辅养枝拉平缓放　3. 影
响主枝生长的旺枝疏除

缩（保留2～3个副梢）的办法控制直立旺枝和徒长枝。生长期注
意选出和培养第一侧枝（图31）。

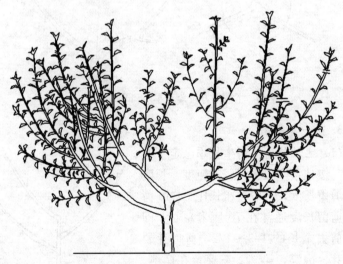

图31 第二年夏季修剪

5. 第二年冬剪 首先疏除夏季修剪未处理的徒长枝、旺盛直
立枝。

（1）**主枝的修剪** 随着生长量增加，主枝剪留长度较上一年相应加长（主枝延长枝适宜生长粗度为 2～2.5 厘米），通常截去秋梢红色部分（或按粗长比 1∶40 剪留），即剪去全长的 1/3～1/2。各主枝剪口芽在同一高度的圆周线上，采用强枝短剪，弱枝长留的方法，剪口芽一般留外芽。对角度小而生长强的主枝可用副梢（被利用副梢直径应大于 1 厘米，副梢角度大可长留，相反则短留，细弱副梢不宜留作延长枝）或用副梢基部芽开张角度（图 32）。

（2）**侧枝的修剪** 在各主枝上距离主干 60 厘米左右各选留第一侧枝，粗度为主枝的 2/3～3/4，侧枝与主枝之间的分枝角度 50°～60°，向外斜侧伸展，剪留长度比主枝延长枝稍短，通常为主枝长度的 1/2～2/3；侧枝应注意避免与主枝重叠，而造成相互遮阳的弊病（图 33）。

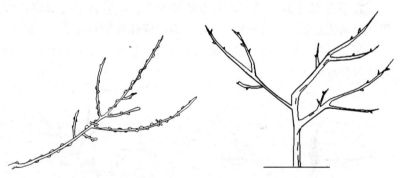

图 32 利用副梢开张主枝角度　　图 33 第二年选第一侧枝

（3）**果枝的修剪** 幼树果枝节间长，优质花芽集中在中上部，果枝在骨干枝上应按同侧 20 厘米距离选留，长放不截，过密果枝疏除。健壮的副梢果枝也应按果枝一样的方式保留，主枝延长枝剪口下 20 厘米内不留副梢果枝。

对没花芽的健壮副梢，也应按果枝长度剪留，以增加叶面积而不发生旺枝。在疏除过密、过旺、过弱的副梢时注意保留基部芽，否则会形成空节（图 34）。

6. 第三年夏剪 剪口芽长出的新梢作为主枝延长枝继续培养，控制竞争枝。在新萌发的新梢中选第二侧枝，第二侧枝距第一侧枝 50 厘米，伸展方向与第一侧枝相反，也是向外斜侧生长，分枝角度 40°～50°。背上新梢（包括旺长的副梢）生长到 30 厘米以上时摘心。继续采用

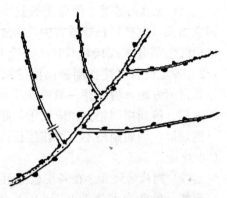

图 34 疏除副梢时保留基部芽

及时疏除或回缩（保留 2～3 个副梢）的办法控制直立旺枝和徒长枝。

7. 第三年冬剪 仍以培养主侧枝为主，主枝延长枝剪留长度仍然是剪去全长的 1/3～1/2，第一侧枝延长枝进行短截，同时应选留第二侧枝（图 35），侧枝剪留长度比主枝的剪留长度稍短，仍为主枝长度的 1/2～2/3。

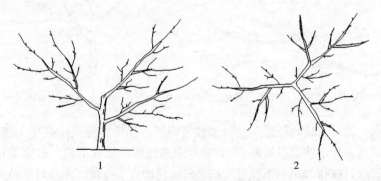

1   2

图 35 第三年选出第二侧枝
1. 侧视图　2. 顶视图

无利用价值的徒长枝、过密枝、交叉枝、重叠枝应疏除或回缩至适当部位。

初步形成的结果枝组要适当短截或回缩，促使分枝扩大枝组。结果枝组安排的位置要合适，大、中、小枝组要相间排列，不要在主、侧枝的同一枝段上配置2个大型结果枝组，否则会使主、侧枝先端生长势减弱，出现"卡脖"，影响树冠扩大（图36）。

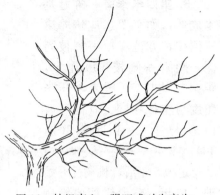

图36　枝组直立、强旺或对生产生"卡脖"，使延长枝衰弱

结果枝在骨干枝上仍按同侧20厘米距离选留，长放不截，过密疏除，适当保留延长枝上的健壮副梢果枝。

在防止骨干枝先端衰弱的同时，要注意防止由于主枝的顶端优势而引起的上强下弱，造成结果枝着生部位上升，如果采用留剪口下第二、三芽枝作主枝延长枝，使主枝折线状向外伸展，侧枝应配置在主枝曲折向外凸出的部位，以克服结果枝外移的缺点（图37）。

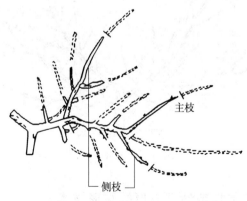

主枝

侧枝

图37　主枝折线式延伸顶视图

8. 第四年修剪 树冠基本成形，如必要还应培养第三侧枝，方位在第一侧枝同侧，距第一侧枝 100 厘米，距第二侧枝 50 厘米，开张角度与主枝相同。其他冬剪内容与上一年近似（图38）。

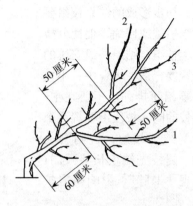

图 38　第四年选出第三侧枝
1. 第一侧枝　2. 第二侧枝　3. 第三侧枝

定植 5 年后，桃树已开始进入成年，整形修剪要维持目标树形。过分开张的主、侧枝，其延长枝的短截量应加重，促使萌发比较直立的旺枝，或者利用徒长枝抬高角度。枝组外形以圆锥形为好，伞形不利于透光。此外，还应注意调整好结果枝组间的距离和枝组内的枝条密度，以不影响通风透光为宜（图39）。

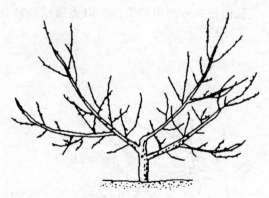

图 39　自然开心形

（二）二主枝自然开心形的整形技术

1. 定干 成苗定植后，在距地面 60 厘米高度随即定干，剪口下留 20 厘米（7～10 个健壮饱满的叶芽）作为整形带，在带内培养 2 个主枝。萌芽后将整形带以下的芽抹掉（但整形带内至少有 2 个方向相反朝向行间的芽）（图 40）。

半成苗（芽苗）剪砧方法与自然开心形相同，定植后在接芽上方 1 厘米处剪砧，接芽萌发后及时去除砧木上的其他萌芽。当苗高 70 厘米时，在距地面 60 厘米处进行摘心（图 41）。

2. 培养主枝 当成苗新梢长至 50 厘米左右时（北京地区约在 6 月中下旬），选出两个生长旺盛、错落生长、伸向行间的对侧枝条作为主枝，立杆

图 40 二主枝开心形定干（成苗）

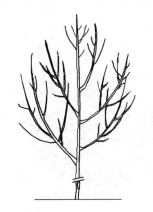

图 41 二主枝开心形整枝定干（半成苗）

绑缚。两杆基部斜插入地下固定，交叉处绑于主干上，伸向行间，角度要一致，夹角 80°，其他枝条摘心控制。1 个月后再对主枝进行一次绑缚，同时对主枝上的直立副梢和其他旺枝摘心（图 42）。

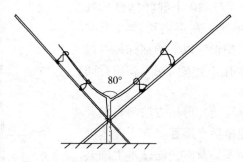

图 42　二主枝开心形整枝，主枝绑缚

半成苗摘心定干后发出的副梢长度达 50 厘米以上时，选出 2 个生长较旺又错落生长于对侧的副梢作主枝培养，其余副梢疏除，或留 2～3 个副梢摘心或扭梢作辅养枝（图 43）。

未进行绑缚处理的幼树，可于 8～9 月份采用拉枝的方法使主枝开张角度呈 40°（图 44）。

图 43　选主枝

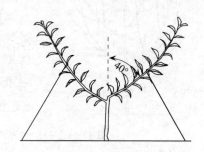

图 44　Y 形拉枝

3. 第一年冬剪　主枝剪留长度 70 厘米左右，即截去秋梢红色部分或按粗长比 1：40 剪留，或剪去全长的 1/3～1/2，剪口留外芽。弱枝长留，强枝短留，保持树势均衡。其他辅养枝强枝疏除或

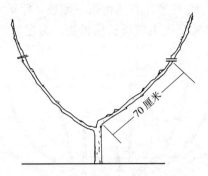

图 45　Y 形第一年主枝冬剪

中庸枝缓放（图 45）。

4. 第二年夏剪　疏除竞争枝，主枝背上直立新梢或副梢生长至 40 厘米时进行摘心，疏除或控制徒长枝、直立旺枝，生长期注意选出和培养第一侧枝（图 46）。

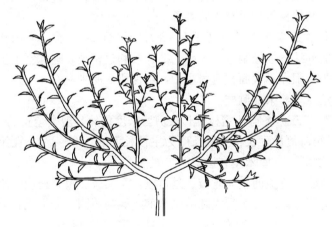

图 46　第二年夏剪

5. 第二年冬剪　疏除直立旺枝、徒长枝、过密枝。

主枝延长枝剪留长度仍按照截去秋梢红色部分，或按粗长比 1∶40 剪留，或剪去全长的 1/3～1/2。剪口留外芽。可用副梢或用副梢基部芽开张角度。

　　在距离主干 60 厘米左右选留第一侧枝，距地面约 1 米，向外斜侧伸展，剪留长度比主枝延长枝稍短，为主枝长度的 1/2～2/3（图 47）。

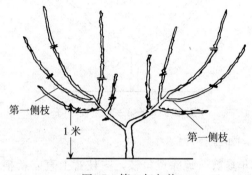

第一侧枝

1 米

第一侧枝

图 47　第二年冬剪

　　果枝或副梢果枝以同侧 20 厘米的间距保留，长放不截，过密疏除。其他枝条按果枝方式处理。

　　6. 第三年夏剪　夏剪于 6～8 月间进行 2～3 次，采用疏除或回缩的办法继续控制直立旺枝、徒长枝和过密枝，疏除背上直立旺枝时为使阳光不大面积直射主干，可保留 5 厘米左右。

　　注意培养第二侧枝。

　　7. 第三年冬剪　主枝延长枝剪留长度仍然是剪去全长的 1/3～1/2，第一侧枝延长枝剪留长度为主枝长度的 1/2～2/3，在第一侧枝对侧相隔 50 厘米左右选留第二侧枝。

　　疏除无价值的直立旺枝、过密枝，交叉枝、重叠枝应疏除或回缩至适当部位。背上直立旺枝以全部疏除为原则，如果无背上细弱枝，可保留旺枝基部的隐芽，防止夏秋季树干日烧。

　　结果枝应"去弱留强"，疏去细弱枝（2 年生枝回缩至强枝部位）。保留长果枝，20 厘米以内不得有 2 个平行的长果枝。根据产量确定留枝量，可按每长果枝 0.5 千克果计算。

　　开始培养结果枝组，本着后部大、中型结果枝组多，先端中、小型结果枝组多，骨干枝上方小型结果枝组为主，两侧和背下大、中型结果枝组多的原则，合理利用空间（图48）。

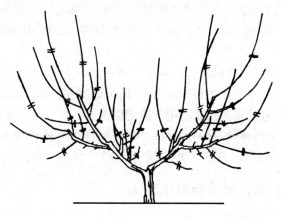

图48 第三年冬剪

8. 第四年冬剪 树冠基本成形，如果主枝延长枝与相邻行主枝交接，可以不截；如果仍有空间，可继续在主枝延长枝的1/2处短截，直至交接，并以交替回缩的办法控制延伸，保证作业道有1米的光带。

冬剪时应培养第三侧枝，方位在第一侧枝同侧，距第一侧枝100厘米，距第二侧枝50厘米，开张角度与主枝相同。其他冬剪内容与上一年近似（图49）。

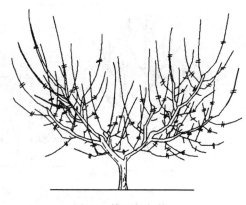

图49 第四年冬剪

5年生以上的树，桃树已开始进入成年，整形修剪要维持目标树形。过分开张的主、侧枝，其延长枝的短截量应加重，促使萌发比较直立的旺枝，或者利用徒长枝抬高角度。枝组外形以圆锥形为好，伞形不利于透光。此外，还应注意调整好结果枝组间的距离和枝组内的枝条密度，以不影响通风透光为宜。坚持"三个一"原则，即：一个枝条一天之中的一段时间内保证有直射光照射到。

成龄树夏季修剪原则：生长季每月修剪 1 次，以控制徒长枝、疏除过密枝为主，注意修剪量，每次修剪量不得超过总枝量的5％。冬季修剪量根据果园定产决定留枝量，长、中、短果枝结合，每亩留枝量不得超过6 000单位，长果枝每 1 个枝计为 1 单位，中果枝每 2 个计为 1 单位，短果枝每 3～5 个计为 1 单位。

（三）主干形的整形技术

1. 第一年修剪

（1）半成苗的夏季修剪　定植后立即剪砧，嫁接芽成活生长后，对砧木上萌发的芽抹去，以防砧芽影响接芽的生长。接芽长到20～30 厘米时，在树干旁立杆敷苗，使芽萌发的中心新梢垂直向上生长（图50）。

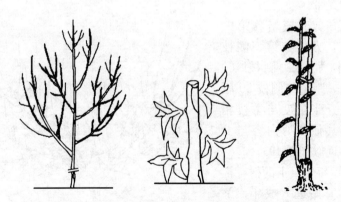

图50　定植后剪砧、抹芽（同图41）、缚苗

待新梢长到 40～50 厘米时，对中心新梢进行摘心定干（摘去8～10 厘米），促发副梢（图51）。

副梢发生后，使中心副梢直立生长，其余副梢长度达 15 厘米时用手轻轻将副梢折压平即折梢，使副梢与中心副梢成 90°角；当副梢长到 30 厘米以上时，对斜生和直立副梢进行扭梢和拉枝，以控制副梢过粗、过旺地生长，保证中心梢的顶端优势和加粗生长，疏去减弱主干生长的徒长副梢和过多副梢，副梢基部间距为 12～15 厘米（图 52）。

图 51　主干形芽苗摘心定干

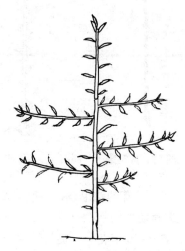

图 52　副梢压平

副梢在 7 月下旬前不摘心，让其延长生长，在 7 月下旬后轻摘心，以使新梢停长，促进花芽形成。冬季修剪与成苗修剪相似。

（2）成苗的夏季修剪　成苗定植后，距地面 60 厘米处剪截定干（留 5～7 个饱满芽）。萌芽后将主干上距地面 30 厘米以下的芽抹掉（图 53）。

待树干上的新梢生长到 25～40 厘米时，使中心梢直立生长，其余新梢进行扭梢和拉枝，使新梢与中心干成 80°～90°的角度。对过旺、过粗的新梢采用扭、拉、细铁丝绞缢等方法，控制其过旺、过粗生长，每隔 10～15 厘米，使新梢从下向上按顺序轮生排列，疏去过旺枝、过密重叠枝；使新梢均匀分布，主干上应着生方位不同的 8～10 个生长较好的新梢（图 54）。

（3）成苗冬季修剪　对没有形成花芽的发育枝或只在顶部形成

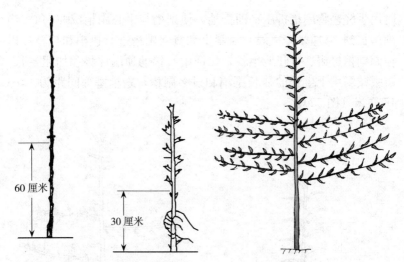

图 53 成苗定干（同图 40）、抹芽

图54 新梢在中心干上的着生状态

2～4 个花芽的结果枝，一般留 2 个芽短截，以便中心干加粗生长，使翌年萌发的新梢不易过旺；已形成良好花芽的结果枝，按中、长果枝 8～10 节花芽，徒长性果枝 10～12 节花芽剪留。疏去徒长枝、纤弱枝、病虫枝，使果枝枝头距离保持在 20～25 厘米的范围内。对于粗度超过中心干 1/2 以上的结果枝，剪去 1～2 个，以保持中心干的生长优势；中心干延长枝的剪留长度为全长的 2/3 左右。

2. 第二年修剪

（1）夏季修剪 没有果实的树，在 4～8 月，重点进行新梢管理，其修剪与上一年相似，重点剪去直立徒长枝和密生重叠枝，对斜生新梢进行扭梢和折梢。

有果实的树，在第二次落果高峰过去后，果实长到黄豆大小时，对新梢进行修剪。主要疏去密生枝、徒长枝，使新梢延长头相互之间距离保持在 20～25 厘米，回缩或疏去未挂果的结果枝，以改善树体的通风透光条件，使果实发育良好。

（2）冬季修剪 在中等密度栽植时，由于株间未交接，主干上着生的较大或中型枝组还需继续延伸，其延长头的枝条一般回缩到生长稍旺徒长果枝或中庸的长果枝上带头,其剪留长度为15~25厘米。

　　株间已经相交的树,大、中型结果枝组均不需再延伸,重点以回缩保证树体内部结构、合理的枝条分布、结果部位不外移、疏去结果枝组背上和主干上的直立旺枝、对发育枝和徒长枝留二芽剪;回缩2年生结果枝组,使其结果部位不外移;以枝粗确定枝条留量,一般中型枝组留8~10个果枝,小型枝组留3~5个果枝;剪留好花芽,长中果枝一般留8~10节花芽,短果枝剪留4~6节花芽。北方地区长果枝留4~6节,短果枝留2~4节。根据树势,按结果枝:预备枝(即对结果枝留二芽短截)=1~2:1比例进行单枝更新;树势中庸或偏旺,按2:1剪留;树势偏弱按1:1剪留。疏去过多结果枝、细弱枝和直立徒长枝,使结果枝在修剪后,果枝延长头的相互距离保持在20~25厘米,果枝相互之间不交叉。中心干枝剪去当年枝长的1/3~1/2。

　　3. 第三、四年修剪　此时主干形基本形成,在主干的中下部有5~7个中型结果枝组(又称小主枝),主干的上部有4~5个小型结果枝组,树冠看上去似纺锤形,密植条件下,树冠看上去似圆柱形,中型枝组是由5~8个小型枝组构成的,以后修剪得重点是新梢和果实的均匀分布与枝组的更新(图55)。

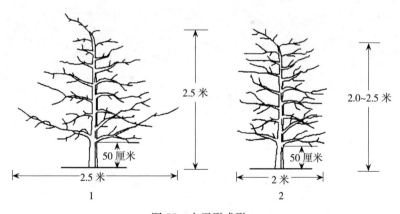

图55　主干形成形
1. 纺锤形　2. 圆柱形

　　冬夏剪方法与第二年相似。主要维持树势的生长及生长、结果的平衡；适当回缩、更新结果枝组和选留良好粗壮的预备枝，依干粗控制果实的负载量，防止树冠内部光秃、结果部位外移，保证丰产、稳产。

六、桃树修剪技术

（一）冬季修剪

1. 主枝和侧枝的修剪

（1）调整角度　对于树冠直立的主、侧枝的延长枝，修剪时留外芽，或利用背后枝换头；对于主、侧枝延长枝角度过大、生长势衰弱的，可选一个角度、长势、位置均较合适的副梢来代替，使抬高角度，增强长势（图56）。

1　　　　　　　　　　　2

图56　主、侧枝延长枝的修剪
1. 开张角度　2. 抬高角度

（2）延长枝剪留　强壮树的延长枝可剪去 1/3～2/5（一少半），弱树可剪去 1/2～2/3（一多半）。在全园树冠交接的前一年，主、侧枝的延长枝全部长放，使枝顶大部分形成结果枝，延长生长即告结束。成龄树，主侧枝采用"放缩结合"的修剪方法维持目标树形（图57）。

（3）调节主枝生长势　对各主枝之间要采用抑强抚弱的方法，保持各主枝生长势均衡。抑强是对强主枝加大角度，多留果枝，多

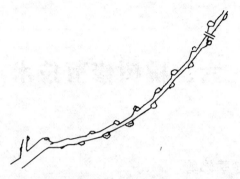

图 57　延长枝剪留

结果，修剪时主枝上少留强枝，使其生长势减弱；抚弱是对弱主枝提高角度，少留果，适当保留壮枝，使其生长势转旺（图 58）。

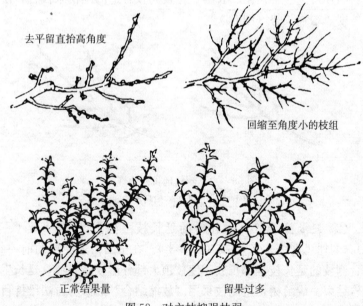

去平留直抬高角度

回缩至角度小的枝组

正常结果量　　　　　　　　　留果过多

图 58　对主枝抑强扶弱

　　（4）侧枝的修剪　对侧枝的修剪应控前促后，更新复壮。①生长适宜的侧枝，粗度应比其所在位置的主枝细一些，角度、方向都适合的仍留原头延长生长，剪留长度依粗度而定（粗长比1：40），要短于主枝延长枝，长于结果枝组。②方向不正、角度小、过强或过弱的侧枝应回缩改用下部适宜的枝条代替原延长枝。③前旺后弱的侧枝宜轻度回缩，改用生长势与开张角度适宜的枝组作头。如角度小，要开张侧枝角度。④随着树龄增大，下部生长衰弱的侧枝通过回缩修剪可改成大型枝组。回缩时注意不可一次回缩过重，注意延伸的方向和角度，一般拐弯角度不应超过45°（图59）。

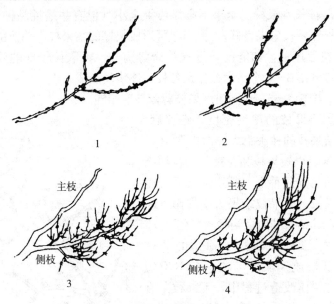

图59　侧枝的修剪
1～2.用下部枝替换原延长枝　3～4.用枝组替换原头

2. 结果枝的修剪

（1）传统修剪方法　此法结果枝的剪留长度和密度，应根据品种特性、坐果率高低、枝条粗度、着生的部位及姿势等不同而有差别。一般成枝力强、坐果率低的粗枝条，向上斜生或幼年树的平生长枝应长留；成枝力弱的品种，坐果率高的细枝或下垂枝应短留。

①结果枝的剪留长度。

　　a. 长果枝。着生在各个部位的长果枝均可选留，密生的长果枝可以疏去直立枝留平斜枝；被疏枝可留 2～3 芽短截作预备枝。一般留 7～9 节花芽短截。

　　b. 中果枝。剪法与长果枝基本相同，但剪留长度稍短，留 5～6 节花芽短截。

　　c. 短果枝。一般留 3 节花芽短截，过密可疏除。

　　d. 花束状果枝。只疏密、不短截。

　　e. 徒长性果枝。坐果不牢靠或果个小（但有些蟠桃品种幼树期徒长性果枝坐果良好），但当年可形成很好的结果枝。一般留9～10 节花芽短截，如能配合好夏季修剪摘心，可取得较好的效果。缺枝时可留 3～4 个芽短截作预备枝，逐步发展成枝组。

　　f. 副梢果枝。与同粗度果枝剪留长度相同。

　　②结果枝的剪留密度。修剪后，一般结果枝的枝头距离应保持在 10～20 厘米。以短果枝和花束状果枝结果为主的北方品种群，其结果枝适合密留；以长、中果枝结果为主的南方品种群，其结果枝应适当稀疏（图 60）。

　　（2）长枝修剪方法　此法的果枝修剪以长放、疏剪为主，基本不短截。在树体改造过程中，下部枝条衰弱，为了增强生长势，可以少量短截过弱枝条。

　　①结果枝的保留密度。骨干枝上同侧每 20 厘米保留 1 个结果枝，全树留枝量是传统修剪方法的 50%～

图 60　结果枝短截后的枝头距离（10～20 厘米）

60%。以长果枝结果为主的品种，亩* 留枝量控制在 4 000～6 000 枝；以中短果枝结果为主的品种，每亩控制在 6 000 枝以内。

----

　　* 亩为非法定计量单位，1 亩约为 667 米²。余同

②结果枝的保留长度。以长果枝为主的品种，主要保留长度为30～60厘米的结果枝，短于30厘米的枝原则上大部分疏除。以中短果枝结果为主的品种（如八月脆），保留长度为20～40厘米的果枝用于结果，部分大于40厘米的枝条用于更新。过强或过弱的果枝少留或不留，可适当保留一些健壮的短果枝和花束状果枝。

③结果枝的着生角度。树姿直立的品种，主要保留斜下枝或水平枝，树体上部可适当保留一些背下枝。对于树势开张的品种，主要保留斜上枝，树体上部可适当保留一些水平枝，树体下部可选留少量背上枝。幼年树，尤其是树姿直立的幼年树，可适当多留一些水平及背下枝。

3. 结果枝组的培养 用发育枝、徒长性结果枝以及徒长枝等，经过数年短截促生分枝、产生长短不同的结果枝培养而组成（图61）。

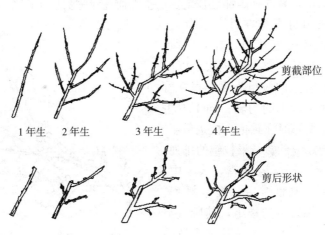

图 61　结果枝组的培养过程

①大型结果枝组。着生于主枝上，背后斜生，与侧枝交错排列，不可影响侧枝。一般选用生长旺盛的枝条，留5～10节短截（20厘米），促使萌发分枝，第二年冬剪疏除前部旺枝，留2～3个枝短截，按同样方式培养，第三年成为中型枝组，第四年即可培养

成为大型结果枝组。

②中型结果枝组。分布于主侧枝背上或两侧，直生或斜生。中型结果枝组与大型结果枝组的培养类似，冬剪可利用徒长枝（留15～20 厘米）或发育枝（20 厘米）短截，第二年冬剪时剪除前部旺枝，第三年即可培养成中型枝组。

③小型结果枝组。分布在大中型结果枝组及主侧枝上，补充大、中型枝组的空隙。小型结果枝组一般可用健壮的发育枝或果枝留3～5 节短截，分生 2～4 个健壮的结果枝，便成为小型结果枝组。

结果枝组形状以圆锥形为好，透光好，结果部位上移慢，结果立体化。

结果枝组的配置应大小交错排列，大型结果枝组主要排列在骨干枝背上向两侧倾斜，骨干枝背后也可以配置大型结果枝组。中型结果枝组主要排列在骨干枝的两侧，或安排在大型枝组之间，有的长期保留，有的则因邻近枝组发展扩大而逐年缩剪以至疏除。小型结果枝组可安排在骨干枝背后、背上以及树冠外围，有空即留，无空则疏。从整个树冠看，以向上倾斜着生的枝组为主，直立着生、水平着生的为辅；向下着生的枝组要随时注意抬高枝条角度，缩剪更新复壮。结果枝组的排列，要求冠上稀、冠下密，大、中、小相间，高低参差，插空排列。树冠顶端着生的枝组，其所占空间的高度，不得超过其骨干枝的枝头，以利通风透光和保持骨干枝的生长势（图 62）。

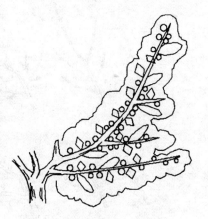

图 62　结果枝组分布示意图

4. 结果枝组的修剪　修剪结果枝组，既要考虑当年结果，又要预备下年结果，强枝多留果，弱枝要回缩更新，注意培养预备枝，尤其是枝组下部要多留预备枝。结果枝的着生部位要低，以靠近骨干枝的为好。结果枝组如出现上强下弱，要及时剪掉上部的强旺枝条，疏掉密生枝和衰弱枝，调节结果枝均匀分布（图 63）。

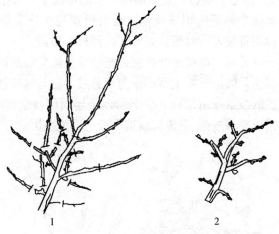

图 63　上强下弱枝组的修剪
1. 剪截部位　2. 修剪后形状

　　如果结果枝组整体长势强旺，应疏除全部旺枝和发育枝，留下健壮结果枝结果（图 64）。

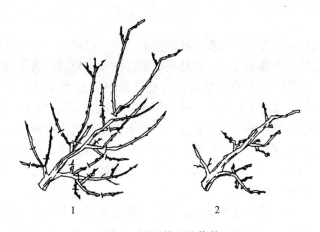

图 64　强旺枝组的修剪
1. 剪截部位　2. 修剪后形状

5. 结果枝组的更新 结果枝组经过 3～4 年要更新复壮 1 次，更新分为全组更新和组内更新两种：全组更新是当枝组已结果 2～3 年，在枝组附近有新枝，在不影响产量的情况下，可把衰老枝组疏掉，用新枝培养新的结果枝组；组内更新是在枝组缩剪的基础上，多培养预备枝，同时疏除衰老枝，使枝组更新。

（1）单枝更新 单枝更新修剪是把结果枝按负载量留下一定长度短截，在结果的同时抽生新梢作为预备枝，冬剪时选靠近母枝基部发育充实的枝条作结果枝，余下的枝条连同母枝全部剪掉，选留的结果枝仍按要求短截。是传统修剪生产上广为应用的方法（图65）。

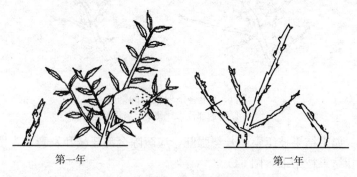

第一年　　　　　　　　　　　第二年

图 65　单枝更新修剪

（2）双枝更新 双枝更新修剪是在同一母枝上，在近基部选留两个相邻近的结果枝，上位枝按结果枝的要求短截，当年结果；下位枝仅留基部两个芽子短截作为更新母枝，抽生两个新梢叫更新枝。当年结果的上位枝，冬剪时把更新母枝以上部分剪除，而下位的更新母枝长出的两个更新枝，当年形成花芽成为结果枝，上侧的再按结果枝的修剪要求短截，下侧枝仍然是留两个芽短截作为更新母枝。如此每年利用上下两枝作为结果枝和预备枝的修剪方法叫双枝更新修剪（图66）。

（3）利用叶丛枝更新衰弱枝 结果枝衰弱后结果能力下降，若无理想的枝条利用更新，可利用叶丛枝更新，也能收到良好效果。在衰弱枝基部较好的叶丛枝剪截，刺激萌发徒长枝，再短截徒长枝

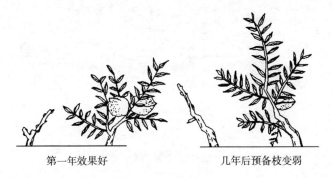

第一年效果好　　　　　　　　几年后预备枝变弱

图 66　双枝更新修剪

更新复壮（图 67）。

（4）长枝修剪技术中结果枝组的更新　果枝的更新方式有两种：

①利用甩放的果枝结果下垂而从基部发出的生长势中庸的背上枝，进行回缩更新。具体做法是将已结果的母枝回缩至基部健壮枝处更新。如果结果母枝基部没有理想的更新枝，也可在母枝中部选择

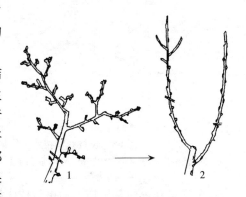

图 67　利用叶丛枝更新衰弱枝

合适的新枝进行更新。如结果母枝较长，枝条平但不下垂，其中部也无理想更新枝，可在前部留果枝结果，后部短枝适当间疏，待后部背上短枝或叶丛枝抽生长枝后，第二年再于基部或中部回缩更新；或者直接回缩至母枝中部短枝处，留下方短枝结果，并适当间疏，待生长季上方抽枝，第二年在适宜枝条处回缩更新（图 68）。

②利用骨干枝上发出的新枝更新。由于采用长枝修剪时树体留枝量少，骨干枝上萌发新枝的能力增强，会发出较多的新枝。如果在骨干枝上着生结果枝组的附近已抽生出更新枝，则对该结果枝组

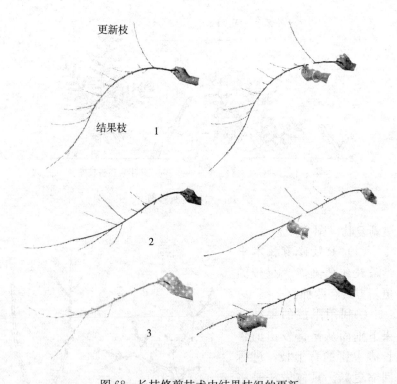

更新枝

结果枝 1

2

3

图 68　长枝修剪技术中结果枝组的更新
1.回缩至结果母枝基部健壮枝处　2.回缩至结果母枝中部　3.回缩至结果母枝前部

进行全部更新，由骨干枝上的更新枝代替已有的结果枝组。

6. 预备枝的培养　培养预备枝，能保证结果枝靠近骨干枝，枝条生长势不易衰弱。

一般可对短果枝、长果枝及徒长枝，仅留基部的两个芽短截，促使萌发两个新梢，培养结果枝。

另一种方法是采用长留果枝的方法培养预备枝。即对向上斜生的结果母枝缩剪，仅留基部的两个果枝，上侧果枝尽量长留，结果后压弯而下垂，下侧的果枝留基部两芽短截作预备枝，由于结果后枝条下垂，使预备枝上升为顶端枝，可以长成健壮的预备枝，并逐步培养成结果枝组（图69）。

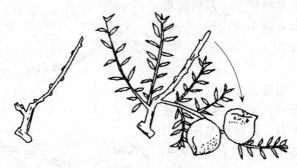

图 69　长留结果枝，培养预备枝

7. 徒长枝的修剪　不能利用的徒长枝应尽早从基部疏除，以减少养分消耗。

生长在有空间处的徒长枝，应培养成结果枝组。一般是留15～20厘米重短截，剪口下的1～2芽仍然徒长，冬剪时把顶端1～3个旺枝剪掉，下部枝可成为良好的结果枝（图70）。

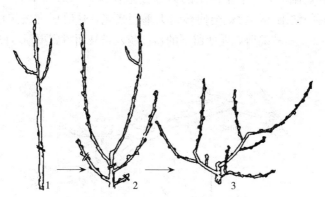

图 70　利用徒长枝培养结果枝组
1. 重短截　2. 剪掉顶端旺枝　3. 形成良好结果枝

徒长枝还可以培养为主枝、侧枝，作更新骨干枝用，可适当长留，并结合拉枝，使其开张角度合乎骨干枝的要求。

8. 下垂枝的修剪　幼树的下垂枝易形成花芽早结果，盛果期以斜生枝形成花芽多而好，衰老期是直立枝易形成花芽。幼树应适当利用下垂枝结果，修剪时剪口留上芽，以抬高角度，一般剪留长度为10～20厘米（图71）。

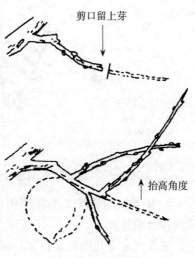

图71　下垂枝的修剪

　　若采用长枝修剪技术，过弱的下垂枝疏除，保留的下垂枝长放不截，结果后基部发出的生长势中庸的背上枝，回缩抬高角度。

　　9. 短果枝结果为主品种的长枝修剪　以短果枝结果为主的品种，如肥城桃、深州蜜桃、五月鲜等品种，修剪应以疏为主，对于选留的长枝甩放，一般不短截或轻短截，下一年在枝条的顶部抽生长枝，下部抽生数个短枝，这些短枝结果几年后就会使枝组下垂而衰老，这时应在枝组的基部留1～2个短枝缩剪，促使留下的短枝萌发长枝而得到更新（图72）。

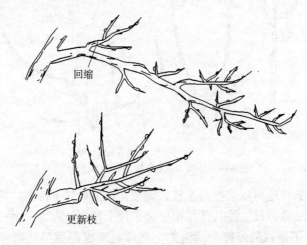

图72　衰老下垂枝组回缩更新

以短果枝和花束状果枝结果为主的品种，在幼树期和盛果初期应尽量多留上述的结果枝组，可使树势缓和。到盛果期树势渐弱时，疏去一部分这类枝组。

10. 骨干枝更新修剪 骨干枝的回缩更新修剪，多用于衰老树上。衰老树缩剪骨干枝能促使萌发旺枝，可回缩到3～4年生部位更新，衰老较严重的树，甚至可缩至7～8年生部位。缩剪时剪口枝要留强旺枝或徒长枝。此外，不是因树龄大而衰弱的树，可在光滑无分枝处缩剪，利用潜伏芽抽生强旺的徒长枝和发育枝，重新形成树冠（图73）。

图73 衰老树骨干枝回缩更新

衰弱的结果枝组通过回缩、果枝重剪实现更新复壮，甚至可以回缩至靠近骨干枝的分支处。重剪回缩后，枝组顶端易冒大条，应在夏季修剪时摘心控制，促使枝组形成大量的饱满花芽（图74）。

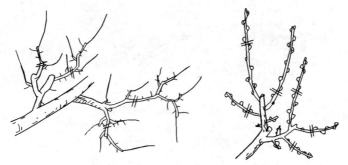

图74 衰弱的结果枝组回缩、果枝重剪更新

在修剪过程中剪锯口要平滑，当主侧枝上的锯口大于主侧枝的粗度时，可留活桩。剪净果柄、病虫枝及干橛。剪口在1.5厘米以上的锯口要及时涂抹保护剂。

（二）夏季修剪

1. 抹芽、除萌 抹芽包括树冠内膛的徒长芽、剪口下的竞争芽、南方品种群副梢基部的双生节，留副梢芽等。

除萌是掰掉5厘米左右的嫩梢。一般双枝"去一留一"，即在一个芽位，上如发出两个嫩梢，留位置、角度合适的嫩梢，掰掉位置、角度不合适的嫩梢。幼树要除强留弱，以缓和树势（图75）。

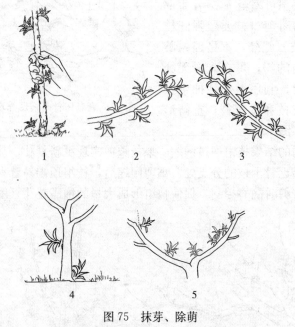

图75 抹芽、除萌
1. 整形带以下芽 2. 对生芽 3. 延长枝竞争芽
4. 主干及根茎上萌蘖芽 5. 树冠内膛徒长芽

2. 摘心 摘心促使新梢暂时停止加长生长，把营养转向充实枝条，以提高花芽的饱满度。桃树的枝条如果不摘心，花芽（特别是饱满的花芽）分布在枝条的中上部，冬剪必须长留，造成结果部位迅速上移。如果及时摘心控制枝条的加长生长，可以促使枝条下

部形成花芽，且充实饱满，结果部位不至
于上移（图76）。

　　对强旺枝适时摘心可培养良好的结果
枝组。如在新梢生长前期（北方约6月上
旬），对徒长枝留5～6片叶摘心，促发二
次枝，可形成较好的结果枝（图77）。

　　3. 短截新梢　短截新梢能促进分枝，
再把分枝培养成结果枝，并能改善光照和
缓和枝条的生长势。短截过早仍然长旺
枝，一般在5月下旬至6月上旬短截，可
以抽生两个结果枝。短截过晚抽出的副梢
形成的花芽不饱满。短截长度以留基部
3～5个芽为好（图78）。

图76　果枝摘心
1、2. 未摘心，花芽在上部
3. 适时摘心，花芽在下部

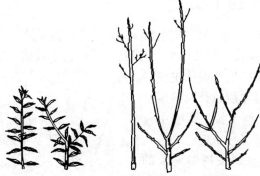

徒长枝留5～6片叶摘心　　未摘心　重摘心　连续摘心

图77　徒长枝摘心

　　为了改善光照，充实下部枝条，幼树在枝梢停止生长后进行剪
梢。北方一般在8月以后进行，对摘心后形成的顶生丛状副梢，留
下基部的1～2个，把上部的副梢"挖心"剪掉。南方一般在6月
底至7月上旬和8月底至9月上旬进行两次剪梢。对枝梢停长早的
地区，应提前剪梢时间（图79）。

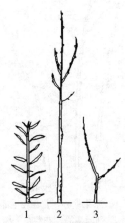

图 78　生长期重剪徒长性
新梢的反应

1. 徒长性新梢夏季应重剪
2. 不剪状　3. 重剪后分枝状

图 79　摘心后形成的顶生丛
状副梢"挖心"剪梢

4. 拉枝　拉枝是缓和树势，提早结果，防止枝干下部光秃的关键措施。拉枝一般在 5～6 月进行，这时枝干较软，容易拉开定型。但 1～2 年生幼树的主枝一般到 6～7 月才能拉枝，过早拉开会削弱新梢生长，影响主枝的形成。

主、侧枝要按树形要求的角度拉开。拉枝不能拉成水平或下垂状，否则会使被拉枝先端衰弱，后部背上枝旺长（图 80）。

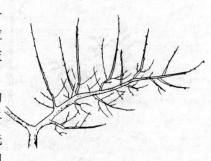

图 80　骨干枝水平，背上枝旺长

如果角度开张不够大，容易产生上强下弱，下部光秃（图 81）。

如果拉成弯弓形，则容易在弯曲突出的部位抽生强旺枝，扰乱树形，达不到拉枝的目的（图 82）。

图 81 骨干枝角度小，
易"上强下弱"

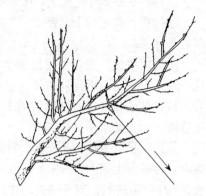

图 82 骨干枝拉成弯弓形，
突出部易冒条徒长

拉枝的方法可因地制宜，采用撑、拉、吊、别等方法都可（图83）。

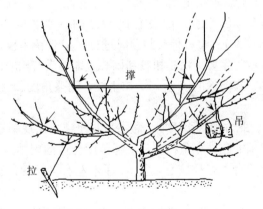

图 83 开张角度的方法

5. 夏剪技术的综合应用 桃树不同栽培地区，气候变化很大，物候期有显著差异。生长期修剪的某一方法，何时进行，需要施行几次，要根据各地的具体情况而定，一般 2～5 次不等。幼树要比成年树夏剪次数多。

（1）1年生幼树夏剪（定植当年）

①抹芽。被定的干上部20厘米称为整形带，萌芽后整形带下部的芽抹去。

②选留主枝。当新生枝长至50厘米左右时，选择3个长势好且一致，呈正三角形排列的枝（邻近芽形成的枝最好只用1个）作为主枝，其余旺枝摘心（以后隔1月摘1次）。有条件的可立杆将主枝固定，支杆水平夹角45°。

③打秋梢。为使枝条充实，抗寒力提高等，可在秋梢停长前1周内，将枝条上部幼嫩部分（10～15厘米）剪掉。北京地区一般在9月中旬进行。对于3年生以内的幼树，打秋梢被认为是必要的。

（2）2～3年生树的夏剪　这是培养主枝的基础。根据北方桃生长特点，夏剪按时间可分为4次，基本上5～8月每月各1次。

①5月。当新梢长至20厘米左右时进行。a. 去双枝。每节位保留1个枝条。b. 除萌。除去主干上及砧木上萌出的芽。

②6月。部分水平枝停长封顶时进行。a. 选留主枝，控制直立旺枝及竞争枝，主要方法是扭枝和摘心，即对没有培养前途的从基部扭至水平，有前途的摘心。b. 拉主枝，调整角度45°（目的：培养主枝）。

③7月。北方地区多雨期，枝条生长迅速，出现副梢。a. 开副梢，对有副梢的旺枝竞争枝剪到下部角度合适的副梢处。b. 摘心，对没有副梢的直立旺枝摘心，留30厘米左右（目的：解决旺枝旺长问题）。

④8月。雨量渐少，光照充足，此次修剪主要是改善光照条件。a. 开副梢，方法与上次基本相同，不同处是有些枝条长出2次或3次副梢。b. 疏枝，对过密枝及影响光照的枝疏除（目的：改善光照）。

（3）4年生以上树结果树的夏剪　夏剪的主要目的是调节营养生长（长枝）与生殖生长（结果）的关系，对整形未完成的还要照顾树形培养。夏剪可以进行2～3次，即免去5月或5～6月的1～2次。基本修剪方法与上相同，需要注意几点：①回缩修剪，主要对一些长放而未坐果的果枝，或早熟品种采收后的过长、过密枝进行。②采收前20～30天（尤其是中晚熟品种）的疏枝，对不利于通风透光、影响果实上色和品质的枝条进行。

现以两次剪法为例加以说明：

第一次：北方约在6月上中旬、南方多在5月上中旬开始。主要是控制、利用徒长枝、疏密枝，尤其要疏内膛直立密枝，疏除枯枝。疏枝留下的直立枝，留5～10厘米短截，促其早期萌发1～2个副梢，培养成结果枝。徒长枝根据需要给以剪梢处理抑制其旺长，使其转化为结果枝。其他枝条凡长30～40厘米的都要摘心，使养分集中到果实的生长发育上去，防止6月落果，强枝摘心培养结果枝组。

无果的空枝组应适当回缩，疏除无用的空果枝，疏除健壮枝组基部的不定芽枝，密生枝组要疏密，缩剪掉枝组顶部的旺枝（图84）。

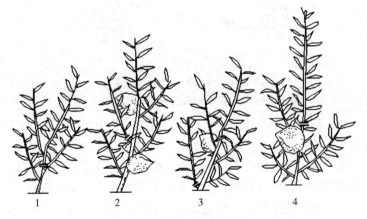

图84 空果枝缩剪和疏新梢
1. 空果枝缩剪 2. 疏密枝 3. 疏基部不定芽枝 4. 疏顶部旺枝

枝组的结果枝上如果先端无果，可将无果节的枝段剪去，但应注意留下剪口节的新梢不能过弱，否则不宜回缩；剪口节上有果而此节新梢过旺时，可将其摘心或在角度合适的副梢处剪截（图85）。

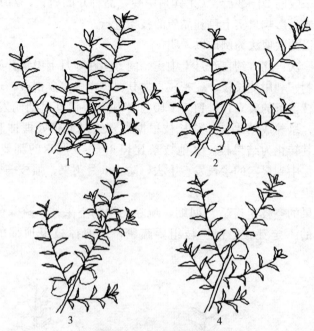

图 85 结果枝组的夏剪

1～2. 剪口节先端无果，回缩到有果节位

3. 剪口节有果，剪口新梢过旺可留副梢剪截　4. 摘心

主、侧枝的延长枝如生长势不均或方向、角度不合适，可利用副梢开张或抬高角度（图86）。

第二次：北方约在8月上中旬，南方约在6月中下旬进行。主要是缓和树势，培养结果枝组，疏剪上部强枝，增加树冠中、下部的光照，促使花芽分化。凡是带有副梢的枝条，留下部1～2个副梢缩剪，同时在留下的副梢长约20厘米以上处摘心，斜生枝、平生枝还应摘心，继续疏除过密枝条。这次夏剪修剪量不宜过重，以免伤口流胶（图87）。

图 86　利用副梢加大或缩小开张角度
1. 加大开张角度　2. 缩小开张角度

图 87　副梢的处理
1. 留 1～2 个副梢缩剪　2. 扭梢　3. 摘心

（三）不同年龄时期整形修剪

1. 幼树期　4年生以前，树体生长旺盛，常常萌发大量的发育枝、徒长性果枝、长果枝以及大量的副梢，花芽少、且着生节位高，坐果率低。整形修剪的任务是尽快扩大树冠，基本上完成整形任务，迅速培养各类结果枝，促其早果丰产。因此，幼树修剪量宜轻不宜重。除对骨干枝的延长枝适当短截外，树冠外围适当疏枝，其余枝条一律不剪，尽量保留辅养枝，结果枝不"打头"，利用副梢和二次副梢结果。待定植后第四年，开始大量结果后，开始短截某些枝条培养更新枝，结果枝短截，减少花量，培养结果枝组。同时还要作好生长季节的除萌、剪梢、摘心、曲枝、缚枝等技术措施。

骨干枝轻剪长放，加大开张角度、缓和树势。剪留长度 1/2～2/3，以不刺激枝条徒长，也不因剪量过轻，造成下部无枝脱节为宜（图 88）。

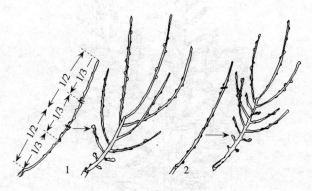

图 88　骨干枝的延长枝剪留长度
1. 剪留合适　2. 短截太轻

侧枝的培养，最好选剪口下第三至四芽枝作侧枝，因为这种枝分枝角度较大，生长势比较合适。侧枝的剪留长度应为主枝长度的 2/3～3/4。并注意调节好主、侧枝的方位角和开张角。

开始培养结果枝组，因树体生长旺盛，徒长性结果枝、徒长枝多，加强夏季修剪如曲枝、摘心等，促使中、下部发枝，很快就能培养成大型结果枝组，或者通过剪截等方法，也可以培养出较好的结果枝组。

2. 盛果期 定植后 5 年进入盛果期，一般维持 10 年。

盛果初期树的生长势仍然很旺盛，树冠继续向外扩展。修剪要保持树体平衡和良好的从属关系，维持既要保持足够的营养生长，又要适量结果，注意结果枝组的培养与更新。骨干枝顶部少留枝组，下部枝组要适当扩大。

盛果期的中、后期，生长势逐渐趋于缓和，树冠不再扩大，各类枝组配备齐全，结果数量增多，产量上升，树冠下部中、小型结果枝组逐渐衰老死亡。盛果期的中、后期要"压前促后"，注意培养和选留预备枝，防止树体早衰和结果部位上移。在树冠的上部可多留结果枝，少留预备枝，每留两个结果枝配置一个预备枝（即2∶1）；树冠中部1∶1；树冠下部为1∶2较为合适（图 89）。

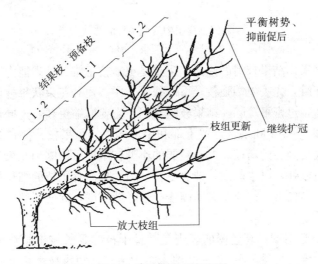

图.89 盛果期修剪示意图

盛果期骨干枝延长枝的修剪，修剪量应适当加重，一般剪留长度为30～50厘米。树冠停止扩大后，可先缩剪到2～3年生枝上，使其萌发出1年生的新头，冬剪时再剪在1年生枝上，2～3年后再缩剪，这样缩放交替使用，保持骨干枝延长枝的生长势及树冠的大小。侧枝延长枝的修剪是：上部侧枝应重短截，下部侧枝应轻短截，维持生长势，延长其结果年限。调节好侧枝角度，保持侧枝适宜的生长势（图90）。

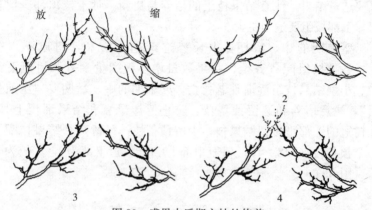

图90 盛果中后期主枝的修剪
1. 修剪前　2. 修剪后　3. 第二年冬剪后　4. 第三年冬剪后

盛果期结果枝组的修剪，主要是更新枝组维持结果能力。强旺小型枝组，先去先端强枝，下部按长、中、短和花束状果枝剪留长度修剪，过密可疏除。结果枝组衰弱，需要回缩更新，连同母枝截去顶部1～2个旺果枝，留下部和中部的中、短果枝，使在结果的同时发出健壮新枝。过分衰弱的小型枝组，可回缩到花束状果枝或极短枝处，以求萌发壮枝、更新枝组。远离骨干枝的细长枝组或上强下弱枝组，都要及时回缩修剪，降低高度，促使下部萌发壮枝（图91）。

3. 衰老期　衰老树的表现是：骨干枝的延长枝生长势进一步衰弱，年生长量不足20～30厘米，中果枝、短果枝大量死亡，大枝组生长衰弱。树冠下部不易萌发新枝而光秃，全树结果数量大减，残存多量短果枝和花束状果枝，产量显著下降。

　　骨干枝缩剪，剪去骨干枝的 3～4 年生部分，促进下部分枝或徒长枝旺盛生长，可延长结果年限。但在第一年重剪之后，第二年应轻剪，使其迅速恢复树冠（图 92）。

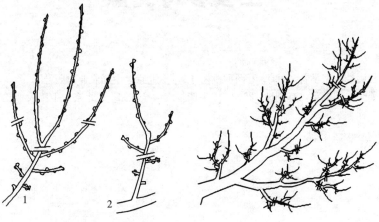

图 91　小型结果枝组回缩更新　　　　图 92　衰老树骨干枝缩剪

　　结果枝组缩剪，刺激下部萌发新梢（图 93）。
　　结果枝组上结果枝重剪，多留预备枝（图 94）。

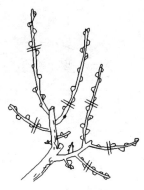

图 93　衰弱的枝组回缩　　　　　图 94　衰弱的枝组果枝重剪

主要参考文献

程阿选，宗学普 . 2004. 看图剪桃树 ［M］. 北京：中国农业出版社 .

姜全，郭继英，赵剑波 . 2003. 桃生产技术大全 ［M］. 北京：中国农业出版
社 .

图书在版编目（CIP）数据

图解桃树整形修剪/郭继英等编著．—北京：中
国农业出版社，2012.10（2023.12重印）
ISBN 978-7-109-17233-3

Ⅰ.①图…　Ⅱ.①郭…　Ⅲ.①桃—修剪—图解　Ⅳ.
①S662.1-64

中国版本图书馆CIP数据核字（2012）第230398号

中国农业出版社出版
（北京市朝阳区农展馆北路2号）
（邮政编码100125）
责任编辑　黄　宇
文字编辑　廖　宁

———————————————

三河市国英印务有限公司印刷　　新华书店北京发行所发行
2012年11月第1版　　2023年12月河北第10次印刷

———————————————

开本：880mm×1230mm　1/32　印张：2.125
字数：60千字
定价：18.00元
（凡本版图书出现印刷、装订错误，请向出版社发行部调换）